U0235808

■■ 优秀技术工人
百工百法丛书

毛建波
工作法

手表偷停
检查操作

中华全国总工会 组织编写　　　　　　毛建波 著

🏭 中国工人出版社

技术工人队伍是支撑中国制造、中国创造的重要力量。我国工人阶级和广大劳动群众要大力弘扬劳模精神、劳动精神、工匠精神，适应当今世界科技革命和产业变革的需要，勤学苦练、深入钻研，勇于创新、敢为人先，不断提高技术技能水平，为推动高质量发展、实施制造强国战略、全面建设社会主义现代化国家贡献智慧和力量。

——习近平致首届大国工匠
创新交流大会的贺信

优秀技术工人百工百法丛书

财贸轻纺烟草卷

编委会

序

党的二十大擘画了全面建设社会主义现代化国家、全面推进中华民族伟大复兴的宏伟蓝图。要把宏伟蓝图变成美好现实，根本上要靠包括工人阶级在内的全体人民的劳动、创造、奉献，高质量发展更离不开一支高素质的技术工人队伍。

党中央高度重视弘扬工匠精神和培养大国工匠。习近平总书记专门致信祝贺首届大国工匠创新交流大会，特别强调"技术工人队伍是支撑中国制造、中国创造的重要力量"，要求工人阶级和广大劳动群众要"适应当今世界科技革命和产业变革的需要，勤学苦练、深入钻研，勇于创新、敢为人先，不断提高技术技能水平"。这些亲切关怀和殷殷厚望，激励鼓舞着亿万职工群众弘扬劳模精神、劳动精神、工匠精神，奋进新征程、建功新时代。

近年来，全国各级工会认真学习贯彻习近平总书记关于工人阶级和工会工作的重要论述，特别是关于产业工人队伍建设改革的重要指示和致首届大国工匠创新交流大会贺信的精神，进一步加大工匠技能人才的培养选树力度，叫响做实大国工匠品牌，不断提高广大职工的技术技能水平。以大国工匠为代表的一大批杰出技术工人，聚焦重大战略、重大工程、重大项目、重点产业，通过生产实践和技术创新活动，总结出先进的技能技法，产生了巨大的经济效益和社会效益。

深化群众性技术创新活动，开展先进操作

法总结、命名和推广，是《新时期产业工人队伍建设改革方案》的主要举措。为落实全国总工会党组书记处的指示和要求，中国工人出版社和各全国产业工会、地方工会合作，精心推出"优秀技术工人百工百法丛书"，在全国范围内总结 100 种以工匠命名的解决生产一线现场问题的先进工作法，同时运用现代信息技术手段，同步生产视频课程、线上题库、工匠专区、元宇宙工匠创新工作室等数字知识产品。这是尊重技术工人首创精神的重要体现，是工会提高职工技能素质和创新能力的有力做法，必将带动各级工会先进操作法总结、命名和推广工作形成热潮。

此次入选"优秀技术工人百工百法丛书"作者群体的工匠人才，都是全国各行各业的杰出技术工人代表。他们总结自己的技能、技法和创新方法，著书立说、宣传推广，能让更多人看到技术工人创造的经济社会价值，带动更多产业工人积极提高自身技术技能水平，更好地助力高质量发展。中小微企业对工匠人才的孵化培育能力要弱于大型企业，对技术技能的渴求更为迫切。优秀技术工人工作法的出版，以及相关数字衍生知识服务产品的推广，将对中小微企业的技术进步与快速发展起到推动作用。

当前，产业转型正日趋加快，广大职工对于技术技能水平提升的需求日益迫切。为职工群众创造更多学习最新技术技能的机会和条件，传播普及高效解决生产一线现场问题的工法、技法和创新方法，充分发挥工匠人才的"传帮带"作用，工会组织责无旁贷。希望各地工会能够总结、命名和推广更多大国工匠和优秀技术工人的先进工作法，培养更多适应经济结构优化和产业转型升级需求的高技能人才，为加

快建设一支知识型、技术型、创新型劳动者大
军发挥重要作用。

中华全国总工会兼职副主席、大国工匠

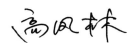

作者简介
About The
Author

毛建波

1978年出生，浙江江山人，中共党员。现任杭州手表有限公司装配车间主任，高级技师，杭州市高技能人才（劳模工匠）创新工作室领衔人。曾获"全国技术能手"、第二届全国机械手表维修工职业技能竞赛总决赛冠军、"余杭工匠"等荣誉和称号。

毛建波发明的"手表擒纵机构隐患排查法"，

能在装配过程中快速找出可能造成偷停的手表机芯，避免了花费几天时间检验都不一定能发现的故障，手表偷停的故障率从 1% 降低至 0.1% 以下，解决了国内制表行业的长期痛点。

毛建波长期致力于手表装配与维修技术的研究与应用，是集手表装配、调校、维修、技能培养等于一身的高层次、多元化技能人才，切实推动我国钟表行业不断技术创新，产品质量不断提高，展现中国制造的魅力与实力。

沉浸在手表的微观世界
在分秒之中倾尽工匠情怀

目　录
Contents

引　言
Introduction

　　制造强国建设是推动国家经济转型升级、提升国际竞争力的重要战略。在钟表制造业中，机芯是机械表的灵魂所在，其作为精密制造技术的结晶，不仅承载着时间的流转，更体现了人类对于机械制造的极致追求，其制造水平的提升对于国家制造业的发展具有重要意义。从设计到生产，从零部件到整机，机械表的每一个环节都凝聚着工匠的智慧与汗水，体现着一个国家制造业的精湛技艺和严谨态度。

　　手表偷停一直是机械表制造业难以完全杜绝的难点问题。其中，由于擒纵机构而导致的偷停更是难以在短时间内进行排查。笔者发明的"手表擒纵机构隐患排查法"，其实质就是对静态检验合格的机械手表机芯，通过人为施加模拟动态极限状态，来排除擒纵机构工作中的偶发性卡顿现象，进而大大降低手表偷停的故障率。

　　本书主要阐述笔者发明的"手表擒纵机构隐患排查法"，从理论到实践，从原理到应用，让读者深入了解这一创新成果的诞生过程和应用价值。希望通过本书能够让更多的人了解机械表机芯制造的技术难点和魅力，激励更多人才投身这一领域，共同推动机械表机芯制造技艺的发展和创新。

第一讲

机械手表原理概述

一、机械手表工作原理

机械手表属于振动计时仪器，是利用一个周期稳定且持续的振动来发出标准时间信号，以此为基准来计量时间。即：

$$T = T_0 \times N$$

式中：T——被测时间；

T_0——振动周期；

N——被测过程中的振动次数。

振动计时仪器的振动系统在工作时，由于摩擦等因素影响，振幅将逐渐衰减。为使其不衰减地持续振动，必须周期性地给振动系统补充能量。

因此，振动计时仪器中都有能源装置。机械手表以发条为储能元件，以摆轮游丝的等时运动为基准，通过时分针来指示时间。

二、机械手表结构原理

机械手表的机芯由以下几部分组成（见图1）。

1. 原动系统

原动系统是维持手表连续工作的动力源，它由发条轮、条盒盖、条轴和发条部件组成（见图2）。

发条是原动系统的主要部件之一，副发条顶住主发条紧贴条盒壁，产生摩擦力。条轴的方榫与大钢轮的方孔相连。通过上条系统的作用使条轴旋转而将发条卷紧在条轴的周围，这样就使发条的形变产生弹性能量，推动齿轮转动。

2. 传动系统

传动系统将原动系统、擒纵调速系统与指针轮系结合起来。传动系统传递原动系统的力矩到擒纵调速系统，维持调速组件的振幅稳定，之后将调速组件的振动次数传递给指针轮系。传动系统组件见图3。

其中主传动系统由条盒轮部件、中心轮部

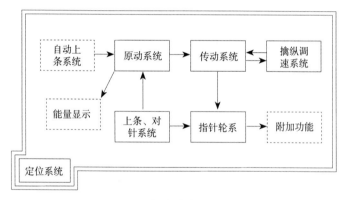

图1　机械手表的机芯

条盒轮部件　　　　　　发条部件　　　　　　条轴

图 2　机械手表的原动系统

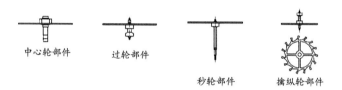

中心轮部件 过轮部件 秒轮部件 擒纵轮部件

图 3 传动系统

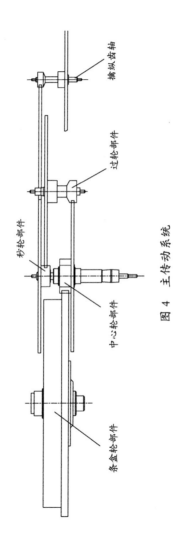

图 4　主传动系统

件、秒轮部件、过轮部件及擒纵齿轴组成（见图 4）。

3. 擒纵调速系统

擒纵调速系统包括擒纵系统、调速系统。

（1）擒纵系统：传递调速系统振动规律，控制轮系转动；补充摆轮游丝工作能量。

（2）调速系统：产生可调振动频率，周期性释放擒纵系统（每振动两次释放一颗齿）。

4. 指针轮系

指针轮系主要功能是传递运动、指示时间。

指针轮系由时轮、分轮、秒轮以及跨轮等齿轮组成。分针装在分轮上，时针装在时轮上，秒针装在传动系统的秒轮上。摆轮游丝的振动次数由传动系统传递给指针系统，从而指示出时间。

5. 上条、对针系统

上条、对针系统主要功能是上紧发条、拨动时分针。这是通过旋转表壳外侧的柄头来实现的。

（1）上条系统有小钢轮、大钢轮、棘爪簧、棘爪、立轮、离合轮、拉挡、柄轴等（见图5）。

（2）对针系统有拉挡、拨针轮、离合杆、离合轮、柄轴等（见图6）。

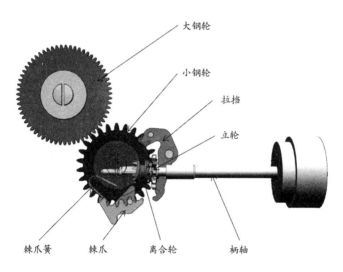

大钢轮

小钢轮

拉挡

立轮

棘爪簧　棘爪　离合轮　柄轴

图 5　上条系统

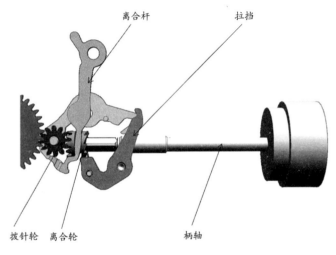

图6 对针系统

第二讲

叉瓦式擒纵机构

擒纵机构主要有以下两大作用：一是将能量定期地传递给振动系统，以维持振动系统不衰减地振动；二是将振动系统的振动次数传送给指示装置，以达到计量时间的目的。

一、叉瓦式擒纵机构的组成

叉瓦式擒纵机构，由擒纵轮、擒纵叉、冲击盘和保险盘等组成（见图7）。

擒纵轮一般是固定地装在钟表机构传动轮系的最后一个从动轴上。

图8是擒纵轮的一个齿，面1叫作齿冲面，2叫作前棱，3叫作后棱。

图7所示的擒纵叉上镶有叉瓦7和8，其中叉瓦7叫作进瓦，叉瓦8叫作出瓦。叉瓦的形状大致如图9所示，其中面1叫作锁面，面2叫作冲面。锁面与冲面相交的棱叫作前棱。冲面与另一面所交的棱叫作后棱。

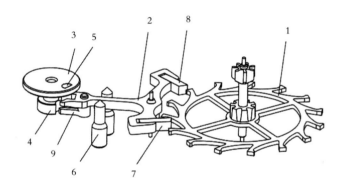

1. 擒纵轮；2. 擒纵叉；3. 冲击盘；
4. 保险盘；5. 圆盘钉；6. 限位钉；
7. 进瓦；8. 出瓦；9. 叉头钉。

图7　叉瓦式擒纵机构

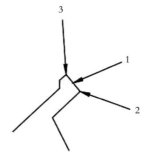

1.齿冲面；2.前棱；3.后棱。

图 8　擒纵轮齿齿形

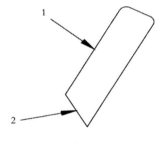

1. 锁面；2. 冲面

图 9   叉瓦

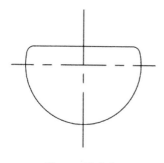

图 10　圆盘钉

从轮系传递来的能源能量，通过擒纵轮和叉瓦、叉身和圆盘钉（见图10）的相互作用，传递给摆轮游丝系统。

二、叉瓦式擒纵机构的工作原理

图11展示了叉瓦式擒纵机构在半个周期的工作过程中各零件的八个典型相互位置。各箭头分别表示各零件的运动方向。

以各零件处于图11（a）所示情况时作为开始位置。这时，擒纵轮以齿尖压在进瓦锁面上，并借助引角的牵引作用使擒纵叉靠在左限位钉上。摆轮在游丝力矩作用下，由左振幅位置以逆时针方向向平衡位置运动。

摆轮由左振幅位置运动到圆盘钉与叉槽右壁接触［图11（b）所示位置］时所转过的角度，叫作第一附加角。在摆轮转过第一附加角的过程中，擒纵轮和擒纵叉保持不动，并且摆轮与擒纵

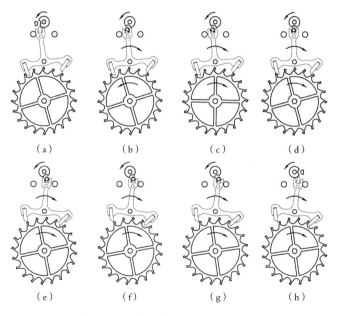

图 11 叉瓦式擒纵机构的工作过程

叉没有运动联系，摆轮转过第一附加角的这个阶段叫作摆轮第一自由振动阶段。

当摆轮运动到圆盘钉与叉槽右壁接触时，由于擒纵叉是静止不动的，而摆轮具有一定的角速度，必将发生碰撞。当圆盘钉碰到叉槽右壁，使擒纵叉获得一定动能。但这时，擒纵轮正以一齿的齿尖压在进瓦锁面上，因而几乎在上一碰撞的同时，随即发生进瓦对擒纵轮齿的碰撞。进瓦对擒纵轮齿的碰撞，将使擒纵叉损失一部分能量，并造成圆盘钉对叉槽的再次碰撞。这样的碰撞过程将持续若干次并逐渐衰减。碰撞结束后，圆盘钉沿叉槽右壁和擒纵轮齿尖沿进瓦锁面相对滑动，并把进瓦逐渐提起。这次碰撞是在摆轮释放擒纵轮以便随后获得擒纵轮传递来的能量时发生的，故通常叫作释放碰撞。显然，碰撞的结果是摆轮将损失一部分能量。

从摆轮运动到圆盘钉与叉槽右壁开始接触

起，到进瓦升到擒纵轮齿尖与进瓦前棱接触为止，是摆轮释放擒纵轮的阶段。我们把这个阶段叫作释放阶段。

在释放阶段中摆轮所转过的角度，叫作摆轮释放角，而擒纵叉所转过的角度叫作全锁角。

由于引角的关系，擒纵轮在释放阶段中将后退一定的角度，这个角度叫作静后退角。

释放结束后，擒纵轮由于本身惯性作用将继续后退一定的角度，这个角度叫作动后退角。

图 11（c）所示的位置是释放结束时的位置。释放结束后将开始擒纵轮通过擒纵叉给摆轮游丝系统补充能量的阶段。补充能量是在一个很短的时段内进行的，习惯上把这个阶段叫作对摆轮传递冲量阶段，也简称传冲阶段。

在整个传冲阶段，首先是擒纵轮齿齿尖沿进瓦冲面滑动［见图 11（d）］，其次是进瓦后棱沿擒纵轮齿冲面相对滑动［见图 11（e）］。最后，当擒纵轮齿齿尾与进瓦后棱接触时［见图 11（f）］，传冲阶段结束。

因此，整个传冲阶段又可再分为两个阶段。由擒纵轮齿齿尖与进瓦前棱接触开始，到擒纵轮齿齿尖与进瓦后棱接触为止，通常叫作沿瓦冲面传递冲量阶段，也简称瓦传冲阶段。其余的传递冲量部分，叫作齿传冲阶段。

在整个传冲阶段，叉槽都是以其左壁推动圆盘钉。

在瓦传冲阶段，擒纵叉所转过的角度叫作瓦冲角，擒纵轮所转过的角度叫作瓦宽角。而在齿传冲阶段，擒纵叉所转过的角度叫作齿冲角，擒纵轮所转过的角度叫作齿宽角。

在整个传冲阶段摆轮所转过的角度，叫作摆轮冲角。

释放结束后，实际上并不是立即开始对摆轮传递能量，也不是从擒纵轮齿齿尖与进瓦前棱接触开始，其原因如下。

（1）前文已指出，擒纵轮在释放结束后将继续后退一个动后退角。在擒纵轮转过动后退角随后又向前转动的过程中，擒纵叉也在转动。因此，擒纵轮齿齿尖将不能落到进瓦前棱上，而是落到进瓦冲面的某一点上。

（2）为使圆盘钉在叉槽内灵活地相对滑动，圆盘钉直径一般稍小于叉槽宽度。当擒纵轮齿齿尖刚刚落到进瓦冲面上时，圆盘钉是与叉槽右壁接触的，而对摆轮传递冲量必须是叉槽左壁与圆盘钉接触时才能开始。

综上可以看出，由于擒纵轮有动后退角和圆盘钉与叉槽有间隙等原因，实际的摆轮冲角将小于前面所定义的摆轮冲角，两者的差值叫作冲量损失角。

在传递冲量开始和沿齿冲面传递冲量开始时也发生碰撞。由于碰撞是在传冲阶段发生的，故叫作传冲碰撞。

传冲阶段结束后，摆轮取得一定能量并向右振幅位置自由运动。

由圆盘钉与叉槽离开起到摆轮到达右振幅位置摆轮所转过的角度叫作第二附加角，并把这一阶段叫作摆轮第二自由振动阶段。

传冲阶段结束后，擒纵轮也与擒纵叉脱离，并在擒纵轮力矩作用下等加速转动，直到另一齿碰到擒纵叉的出瓦为止［见图11（g）］。在这个过程中，擒纵轮所转过的角度，叫作擒纵轮落角。

假设擒纵叉在这个过程中是不动的，则从擒纵轮齿尖与出瓦锁面接触点到出瓦前棱的距离，叫作锁值。与锁值对应的擒纵叉转角，叫作锁角。

通常把擒纵叉冲角与锁角之和，叫作擒纵叉升角，或简称叉升角。而与叉升角对应的摆轮转过的角度，叫作摆轮升角。

擒纵轮齿齿尖落到出瓦锁面后，由于牵引力矩的作用，将迫使擒纵叉转动，直到叉杆碰到右限位钉为止［见图 11（h）］。擒纵叉在这个过程中所转过的角度，叫作损失角。

损失角与锁角之和应等于全锁角。

在擒纵轮齿落到出瓦锁面和叉杆碰到右限位钉时，也将发生碰撞现象。通常把这次碰撞叫作跌落碰撞。

为了说明锁角和损失角的含义，我们通过假设传冲阶段结束，擒纵轮转过落角时，擒纵叉是不动的来描述。实际上擒纵叉这时是运动的，因此，在擒纵机构实际运行时，擒纵轮齿齿尖并不是正好落到叉瓦锁面距离前棱等于锁值的点上，并且由于损失角和落角大小的不同，可能先是擒纵轮齿齿尖落到叉瓦锁面，也可能先是叉杆碰到限位块。

以上讲解了叉瓦式擒纵机构在进瓦传冲的半周期中的工作过程。另一个半周期的工作过程同理可知。

既然我们了解了叉瓦传冲半周期中的工作过程，那么现在我们再来看看它是怎么完成前述的两个作用的。

在摆轮游丝系统的一个振动周期中，叉瓦式擒纵机构两次对摆轮游丝系统传递冲量，即进瓦传冲和出瓦传冲，使摆轮游丝系统获得一定能量，从而补偿了摆轮游丝系统在振动过程中的能量消耗。因此，摆轮游丝系统能不衰减地进行振动，这就是叉瓦式擒纵机构的第一个作用。

叉瓦式擒纵机构是怎么完成它的第二个作用的呢？

通过对叉瓦式擒纵机构工作过程的分析可以看出，在摆轮游丝系统的一个振动周期中，擒纵轮转动两次（进瓦释放和传冲时转动一次，出瓦释放和传冲时转动一次），共转过一个周节。这就是说，摆轮游丝系统每完成一次全振动，擒纵轮转过一定的角度，因此，擒纵轮的转角就和摆轮游丝系统的振动次数成正比。利用齿轮传动并以适当的传动比把擒纵轮的转动传递给指针，则指针的转角也将和摆轮游丝系统的振动次数成正比。摆轮游丝系统振动一次所需的时间是一定的，即等于它的振动周期，因而指针的转角和时间成正比，并因而能指示出时间。

通过以上对叉瓦式擒纵机构工作过程的分析可知，叉瓦式擒纵机构的擒纵叉只在释放和传冲阶段才和摆轮游丝系统有运动关系，而在摆轮游丝转过附加角的阶段，彼此没有联系，这时，如果擒纵叉受到偶然外力的作用，它可能由一个极端位置转移到另一个极端位置。如果发生了这种情况，则圆盘钉将不能进入叉槽而碰到喇叭口的外壁上，这将使钟表机构停止运行。

为防止上述情况发生，保证钟表机构可靠地工作，叉瓦式擒纵机构还具有以下结构和功能：一是保险盘和叉头钉的结构起到保险作用；二是擒纵轮齿对叉瓦的牵引作用。

在由保险盘和叉头钉组成的保险装置中，保险盘上有一月牙槽，叫作保险槽（见图 11）。由于有这个槽，擒纵叉在释放和传冲阶段能由一个极端位置转移到另一个极端位置［见图 11（b）~图 11（g）］。而当摆轮游丝系统通过附加角时，由于叉头钉和保险盘的作用，擒纵叉不能由一个极端位置转移到另一个极端位置［见图 11（a）和图 11（h）］。

利用保险盘和叉头钉组成的保险装置，虽然能防止擒纵叉由一个极端位置转移到另一个极端位置，但如果只靠这个装置，那么当擒纵叉受到偶然外力作用时，可能造成叉头钉与保险盘的接触，这将显著增大摆轮游丝系统运动时的摩擦阻力。为了改善这种情况，叉瓦式擒纵机构通过调整叉瓦锁面的方向，来增强擒纵轮齿对叉瓦的牵引作用。这样，当偶然外力较小、不能克服擒纵轮齿对叉瓦的牵引力矩时，则不会造成叉头钉与保险盘的接触。如偶然外力较大并克服了擒纵轮齿对叉瓦的牵引力矩，则虽能造成叉头钉和保险盘的接触，但偶然外力一消除，叉头钉在牵引力矩的作用下也能自动离开保险盘。

从以上对叉瓦式擒纵机构工作原理的分析可以看出，看似简单的结构，实则蕴含着精妙的设计和复杂的原理，这也对零部件的加工提出了更高的要求。

三、叉瓦式擒纵机构的制造误差

1. 擒纵轮部件的加工误差

擒纵轮是齿轮类零件中的一种特殊齿轮，属于棘轮类零件，能实现间歇运动。

擒纵轮部件中的擒纵轮片技术要求高，尤其是尺寸精度和表面粗糙度，因此其加工过程比较复杂。

下文具体讲解擒纵轮片的技术要求。

图 8 是擒纵轮片上的一个齿。冲面和前棱分别通过与擒纵叉叉瓦相应的面相互作用而工作。

为了减少冲面与锁面在工作过程中的摩擦损失，以保证擒纵机构的工作效率，冲面和锁面的表面粗糙度必须达到 $Ra0.2$。如果冲面粗糙度低，将降低冲量传递的效能和影响锁值的大小。而如果锁面粗糙度低，将影响释放功的大小。

根据擒纵机构的工作条件，冲面长度公差 ≤ 0.01mm，因为每个齿的冲面长短直接影响到传递冲量的多少和均匀性。为使能量传递均匀稳定，必须控制冲面长度的加工精度。

擒纵轮齿间的齿距误差 ≤ 0.008mm。擒纵轮的齿距误差影响擒纵轮的落角，从而影响等时性。因此，对齿距误差必须严格控制。齿距误差对采用铣齿法加工来说是一项很重要的技术要求，因为在铣齿法加工的条件下，易产生分度误差和分度积累误差，严重影响加工的质量。但是在采用了滚齿法加工的条件下，这项技术要求比较容易得到保证。

擒纵轮的外圆对于轴孔的径向跳动不得超过 0.01mm，因轮片的径向跳动直接影响到每个齿锁值的变化，从而影响释放角的大小，最后影响摆幅和等时性，严重时还会造成溜齿或顶齿，因此对轴孔的加工精度要求很高，一般擒纵轮片轴孔的公差为 0.005mm。轴孔是轮片加工过程中的主要基准，它决定着外圆与轴孔同心度的质量。轴孔的垂直度则影响擒纵轮部件的装配质量。

通过上述分析，我们可以认识到，虽然在产品的零件图中，擒纵轮片的加工尺寸、加工表面的技术要求比较多，加工过程也比较复杂，但是起决定性作用的因素，大部分集中反映在"冲面""锁面"和"轴孔"上，即"两面一孔"，它们是擒纵轮片加工过程中的主要难点。

在加工擒纵轮片过程中，还会遇到以下几个问题需要研究决定：

（1）冲、锁面粗糙度达不到技术要求；

（2）冲、锁面相交线的圆弧半径不易控制，与某些提高冲锁面粗糙度的方法有一定的矛盾；

（3）轴孔的垂直度不好。

2. 擒纵轮部件装配误差

擒纵轮的部件装配是手表生产中的一个重要环节，目前它的废次品率较高。虽然前面经过一系列的加工得到了合格的零件，但是如果部件装配工作做得不好，合格的零件也可能产生不合格的部件。擒纵轮的装配对生产的影响，往往超过零件加工的单道工序。

现将擒纵轮部件装配的工艺方法叙述如下。

（1）铆合。擒纵轮的铆合装配是在电磁铆合机上进行的。其技术要求是：轮片与轴肩之间不允许有缝隙和松动现象，轮片不允许有裂纹或呈碟形与伞形，径向跳动与端面跳动均不得大于0.01mm。

（2）看平与校平。凡端面跳动超过0.01mm的装配部件，均要进行校平。

（3）应力处理。轮片铆合后进行最后回火。

应力处理后，还要进行电镀，最后再对部件进行综合检验。

3. 擒纵叉零部件的加工误差

擒纵叉部件由叉体、叉头钉、叉瓦和叉轴构成。

叉体由叉头、叉身、叉臂三部分构成。叉体上带有叉头槽、喇叭口、叉瓦槽、叉轴孔及叉头钉孔等。叉体是整个擒纵叉的基体，是其最基本的零件。擒纵叉的精度，在相当大的程度上，取决于叉体的制作精度，所以做好叉体的加工是提高擒纵叉质量的关键。叉体上带有双孔，即叉轴孔与叉头钉孔。在冲孔加工时，由于孔径小、工艺性差，冲头容易折断，因而在产量很高的情况下，难以采用同时冲双孔的方法。为了进一步提高生产效率，进行冲双孔，可以将叉头钉的孔径增大，使它接近叉轴的孔径。叉头钉孔径的增大必须适当，否则在铆叉头钉时将引起叉头部分较大的变形，并过多地增加叉头重量，从而增大擒纵叉的不平衡性。叉体上的槽比较多，而结构工艺性最差的就是叉瓦槽。

擒纵叉工作时，是依靠叉体的摆动，进而使各工作部件产生角位移运动而进行工作的。正是由于它具有这一特点，所以在制作过程中，其对几何角度位置精度的要求比较高，这是叉体加工最主要的特点。

擒纵叉的叉体加工主要有如下工序。

（1）落料与修正。落料与修正加工的叉体加工要求为叉体与叉身的对称中心线允差 ±0.005mm，叉体外形轮廓以 50 倍样板投影测量，外形公差 ≤ 0.005mm。

（2）叉体的平斜面加工。叉头部分加工分成平面和斜面，其目的有两个：一是将叉头下平面外端加工成斜面，以避免在擒纵叉工作时擦碰双圆盘，其里端加工成平面，为装叉头钉建立一个平整的铆台；二是为了最大限度地减少叉头部分的金属重量，以减少整个叉体的不平衡性和转动惯量。

（3）叉体的孔加工。轴孔与叉身、叉头外形在样板线内的偏差 ≤ 0.005mm。轴孔与叉体平面的垂直度 ≤ 0.01mm，叉头钉孔对称叉身中间轴线允偏 ≤ 0.008mm，叉头钉与平面的垂直度 ≤ 0.02mm。冲孔后叉体不得弯曲变形，平直度允差 ≤ 0.015mm。

（4）叉体的槽加工，包括喇叭口、叉头槽及叉瓦槽等的加工。铣叉头槽与喇叭口是以叉轴孔、上平面和叉头外形定位，用两把铣刀，在叉体的一次安装中依次铣切而成的。喇叭口铣刀安装在下面，叉头槽铣刀安装在上面，叉体工件由下往上送进，先铣叉头槽。由于喇叭口和叉头槽是在一次安装中加工而成的，所以它们具有比较高的相互位置精度。叉瓦槽加工时是以叉轴孔、上平面和叉头槽定位的。采用这种定位方式，可以保证叉瓦槽与叉头槽之间保持较高的相对位置精度。

（5）磨平面与去毛刺加工。叉体每一道切削加工工序完成后都会产生许多毛刺，而且不太容易去掉，这是叉体加工中一个比较大的难点。

（6）叉体的综合检验。在叉体的加工过程中，每道工序都要进行抽检。对叉体上的主要参数，如喇叭口、叉头槽、叉瓦槽、叉轴孔、叉头钉孔和各个部分之间相对位置的几何尺寸等，在50倍投影仪上用投影样板检验，粗糙度用比较法检验。综合检验则是对加工好的叉体做100%的检验。

4.擒纵叉的部件装配误差

擒纵叉部件的全部零件加工完毕后，进行擒纵叉部件的装配工作。

装配时，首先将叉头钉装到叉体上的钉孔内，注意装入叉头钉不得有脱落现象，然后在半自动铆钉机上进行叉头钉的位置校正和铆叉头钉。铆合后叉头钉不得有松动现象，叉体各部不得有弯曲变形和砸伤，叉头钉对喇叭口允偏$\leqslant$0.01mm。

叉头钉铆好后进行定长。叉头钉定长时钉的尖角对叉头槽中心线允偏为0.01mm，叉头钉尖部的圆角半径$\leqslant$0.015mm。

叉头钉定长完毕后进行清洗和电镀，然后装

叉瓦。由于进瓦、出瓦的角度不同，装进瓦、出瓦应当分别进行。装叉瓦时，进、出瓦不允许装错，不允许角度方向相反，不得有松动与脱落现象，进出瓦装入槽中的深度以瓦长的 1/2 为宜。

装完叉瓦后进行叉瓦的定长。叉瓦定长以叉轴孔及叉头槽定位。定长时进出瓦必须与叉体上平面平齐，叉瓦外形要完整，不允许有缺口、崩角和碎裂等现象。定长后要用投影样板进行 100% 检验。

在叉瓦定长检验完毕后，进行上胶。粘叉瓦的要求是虫胶不得流到叉瓦的工作面和叉体的上平面上，外形各处不允许有胶，叉瓦要与上平面平齐。

擒纵叉部件装配的最后一道工序是装叉轴。装叉轴的基本要求是：轴压入孔内不得有松动现象，叉轴和叉体上平面的垂直度允差为 0.04mm，叉轴与叉体装配后的部件尺寸变化应在 ±0.005mm

之内。

擒纵叉部件装配完成后用投影仪及显微镜等工具进行综合检验。检验时，按规定对擒纵叉部件和各零件进行 100% 检验。

第三讲

擒纵机构可靠性预判

手表装配和调整是手表生产中的最后阶段，主要是将各个车间所生产的合格零部件装配成手表，并调整各个零部件之间的轴向间隙、擒纵机构的保险间隙、擒纵机构的全锁值、摆轮游丝振动系统的周期、摆轮的平衡、游丝在快慢夹间隙荡框、快慢夹间隙的大小、手表的位差、游丝的圆平以及摆轮－游丝振动系统左右摆幅的一致性等。

一、手表基础机芯装配工艺

1. 摆轮平衡工艺

在研究钟表理论时，常把摆轮游丝振动系统视为理想系统，假设其不受任何摩擦力和外力的作用。但在实际生产中，摆轮的加工误差和装配误差的影响是需要考虑的。摆轮的偏重将会引起钟表的位置误差和等时性误差，因而在手表生产中摆轮平衡是一道很重要的工序。摆轮平衡工序的实质是在摆轮轮缘上去掉某些质量，使其重心回到转轴上，也就是对摆轮进行静平衡。

2. 摆轮游丝分档及匹配

把同一批次游丝按照图纸规定的几何尺寸切好，其内外桩夹角都一样，也就是工艺卷进角都一样，然后根据游丝刚度分成 20 档，将同一批次摆轮根据其转动惯量分成 20 档，将某一档的游丝和相应档的摆轮进行搭配，由此得到的振动系统，其振动周期和标准周期可能略有出入，它们之间的差，理论上仅取决于分档的档距。由于是分成 20 档，所以每档的档距是很小的，因此这个周期差也是不大的，振动周期差可以很容易地在不大范围内以调节快慢夹位置的方法校正过来。

3. 装上条拨针机构部件

（1）拨针轮、立轮、离合轮可做油膜处理。

（2）检验要求

①立轮在柄轴上能轻松转动；

②离合轮在柄轴方向处能轻松滑动；

③离合杆能带动离合轮在主夹板内轻松地摆动；

④凭离合杆簧弹力能使离合轮与立轮啮合可靠；

⑤压簧定位口与拉挡上的定位销入位；

⑥上柄轴推拉轻松，轮齿啮合可靠灵活。

4. 装轮系

（1）装轮系的要求

①条盒轮轴向间隙控制在 0.02~0.05mm；

②二轮、三轮、秒轮、擒纵轮轴向间隙控制在 0.02~0.04mm；

③检验上条拨针机构工作性能，应可靠、平稳、轻松；

④检验轮系传动质量，上紧发条，直到各齿轮开始转动，当发条动力用尽时，擒纵轮停片刻；由于轮系的运动惯性使发条反向上紧，在发

条的反力作用下，轮系开始反转，要求齿轮反转不低于半周，反转圈数越多，说明轮系啮合质量越好，同时要求噪声要小，啮合可靠，间隙合适。外观质量也要同时进行检查，各部分不露黄，无损伤。

（2）加油

在条盒轮与二轮、过轮的上下钻加适量的D5表油；在秒上钻、秒葫芦处和擒纵轮上下钻加适量的9010表油，要加在钻眼的储油槽内，轮齿和其他部位一律不许有油。

5.装擒纵叉及擒纵机构的检查调整

（1）装擒纵叉

①手触法检验轴向间隙，应在0.01~0.035mm范围内，拿起主夹板来回翻转，擒纵叉凭着叉头的自重能自由旋转；

②要求整个叉身平直清洁；

③如果没有合适的表油，擒纵叉轴上下钻眼

正常均不许加油，因为擒纵叉在工作时是来回摆动的，而且摆动的角度较小。如果加油，擒纵叉在摆动时就增加了一个油层中的液体摩擦阻力，会造成手表摆幅的下降。如果有合适的表油，可加极少量或者对叉轴的上下榫头做薄的油膜处理。

（2）投影检验

投影检验主要是用擒纵机构投影仪将擒纵机构放大，观察擒纵机构的保险间隙和擒纵叉的全锁值大小。一般要求叉头钉和保险圆盘之间的保险间隙在 0.035~0.05mm，但两边间隙相差不大于 0.01mm，进瓦全锁值在 0.08~0.10mm，出瓦全锁值在 0.09~0.11mm。

6. 防震器和擒纵叉叉瓦加油

（1）加上下防震器油，油珠与托钻基本同心，油珠直径为托钻直径的 1/3~1/2，不许流散，防震碗孔不许有油。

（2）用油针从观察孔加在叉瓦冲面上或锁面

上，其他部位均不许有油。

（3）加油器每天上班时要洗净吹干装入新油，发现表油不正常立即更换。油瓶要盖紧，并放在阴暗处且罩好防尘罩。

7. 装摆轮

（1）将摆轮游丝组件装在摆夹板上。

（2）将摆轮下榫首先入主夹板钻眼，而后揿伏摆夹板，注意摆轮上榫一定要入摆轮上钻眼。

（3）摇晃表机让摆轮启动，不宜用指钳拨动摆轮。

（4）拧紧摆夹板螺钉，不得损伤任何零部件。

（5）调整摆轴轴向间隙，要求摆轴轴向间隙在 0.02~0.04mm 范围内。

（6）游丝内外框圆平调整。在这道工序中要对游丝按平面和中心做最终校正。如果游丝不平，可将快慢针向活动外桩环靠紧，然后用镊子向下压或向上抬游丝根部，直到游丝平面与摆夹板下平面平行为止。然后从摆夹板方向向下观察游丝是否圆整，如果游丝外圈相对摆轮不圆，可以用镊子推或拉游丝根部，直到游丝圆整为止。观察游丝内圆时要将发条上满弦，外端第五圈不应抖动。如果游丝抖动得比较厉害必须取下摆轮游丝部件对游丝内心进行圆平调整。游丝内外框圆平调整要和实样要求相一致。

（7）停摆后初启动，游丝要两边能荡框。

8.打表

所谓"打表"，即手表走时技术指标的调校。表机调校工艺流程如下：

（1）初打机芯可用电动上条机上紧发条。

（2）在校表仪上对机芯进行调校。

（3）根据技术指标要求对表机进行分类，对不良品进行调整。

二、擒纵机构顶齿隐患的检查法

1. 擒纵机构的工作过程

前文已提到，擒纵机构是钟表机芯最重要的部分之一。擒纵系统的工作可以简单归纳为以下两点：

一是在调速机构每次摆动过程中传递冲量，使摆轮在摆动时由于摩擦等阻力而散失的能量得到补充，避免摆幅衰减，保持机构的正常工作；

二是根据调速机构的额定周期，控制擒纵轮的转动速度，使它在每一周期中转过一齿，这样，传动系统中的齿轮也就相应地保持一定转速，从而实现计时的目的。

上述擒纵机构的工作，是由擒纵叉和双圆盘、擒纵轮与擒纵叉两部分动作相互配合来完成的。接下来详述擒纵轮与擒纵叉的动作。

擒纵轮由传动系统取得能量，通过轮齿和叉瓦的作用转变为冲量传递给擒纵叉，在传递过程中有如下五个动作。

（1）锁接。这是指擒纵轮齿的前棱和擒纵叉叉瓦锁面相接触的动作。刚开始接触时称为"初锁"。

（2）牵引。锁接时，通过擒纵轮齿前棱和叉瓦接触点对擒纵叉转动中心连线的垂直线和叉瓦锁面之间的夹角称为"引角"。由于这一引角，在锁接时能产生牵引力使叉身继续转动一个角度而靠在叉限位钉上。在牵引动作后的锁接状态又称为"全锁"，其锁接的深浅称为"全锁值"。

（3）释放。这是指将擒纵轮齿从锁接状态中解放出来的动作。释放的动力来自摆轮。释放时，叉瓦前棱退出擒纵轮齿的工作圆，擒纵轮则因此而略为后退。

（4）冲击。擒纵轮齿前棱冲击叉瓦的冲面，接着是擒纵轮齿冲面冲击叉瓦的后棱。在冲击过程中齿冲面和瓦冲面之间的夹角称为"冲面角"，合适的冲面角是保证机构正常工作和避免冲量损耗的一个必要条件。

（5）垂落。这是指擒纵轮的一个轮齿传递冲量结束后，另一轮齿和另一叉瓦相互锁接前的瞬时动作过程。

擒纵轮与擒纵叉的这五个动作在表机的运行当中看似非常简单，我们平常在手表走时听到的"嘀嗒"声实际也就是机芯擒纵机构工作时产生的，在一只频率21600次/h的手表机芯中，擒纵机构一次工作过程所经历的时间，亦即摆轮一次摆动的时间，只有0.2s，所以这样的工作过程，在24h中就要重复进行518400次，如果是频率28800次/h的手表，每天就要重复691200次，可想而知这对擒纵机构运行要求有多高。

在这个过程中，如果出现擒纵调速系统零部件尺寸不达标、配合尺寸过大或过小以及系统叠加误差等情况，就会发生擒纵机构的偶发性顶齿，导致机芯停表，这是一个极不易发现的隐患。擒纵机构的偶发性顶齿，在机芯厂的常规检验过程中很难发现，不论是仪器检测，还是满链后多方位实走。实际生产中，些许零部件有着超出设计公差，或者设计上的配合尺寸无法满足的问题。在零件加工精度无法再提升的情况下，未满足设计要求的零部件可能在质检环节流出到装配工序，况且质检只是模仿擒纵系统的工作状态，与实际工作时的工况有差异。这些都是导致偶发性顶齿的因素。

装配过程中有一道装叉投影的工序，即擒纵叉瓦与擒纵轮齿的锁值要经投影样板投影确认，擒纵叉轴向间隙0.02~0.04mm，叉身、叉头与夹板平行，上一把条，来回轻拨叉头，擒纵叉应左右跳动灵活，紧靠叉夹板。叉瓦深浅、冲锁面、叉口、叉头钉应严格控制在样板公差内，并按投影分类记录调整或调换擒纵叉。装叉投影是相对静态的排查，而且投影过程中主要观察到的是擒纵轮齿与叉瓦的全锁值。非常重要的初锁值因是一瞬间的状态而很难判断，所以装叉投影并不能完全杜绝不良状态的发生，这就导致了偷停表问题的出现。比如，一只机芯的进脚初锁值短了0.005mm，即使一个操作熟练的员工在擒纵机构投影中也很难发现，对于擒纵机构的工作原理已在前文阐述，擒纵轮齿前棱与叉瓦前棱锁接只在一瞬间就进入牵引阶段停留在全锁阶段，投影时只能按全锁值对样板。一个初锁值短了0.005mm的机芯，通常情况下不一定会停表，但如果遇到了极端情况就会存在停表的风险，这个极端情况包含擒纵轮的径跳在标准范围的上公差、擒轴榫头和叉轴榫头尺寸在标准范围的下公差、外力的冲击等。

2.擒纵机构隐患排查法

擒纵机构隐患排查法，实际上也就是对擒纵

机构在实际动态运行中不良状态的排查。

擒纵调速系统的工作涉及各个零部件的尺寸配合，例如：擒纵叉瓦的长度与擒纵轮径跳、擒纵轮钻眼与擒纵叉钻眼的中心距，还有擒纵叉轴与擒纵叉钻眼的间隙、擒纵轮轴与擒纵轮钻眼的间隙。

由于机械手表擒纵系统的特性与零件加工、部件组合、机芯装配都会存在现实中难以避免的问题，所以手表的停走在制造中还是比较常见的情况，必须通过各种检测手段避免停表。

机芯经过初打工序，日差、摆幅、偏振等各项性能指标都基本符合出厂标准后，用擒纵机构隐患排查法做擒纵机构可靠性检测，可以减少擒纵机构中的偶发性卡顿现象（手表偷停）。具体操作方法如下：

（1）方法一

用专用工具轻轻顺时针方向推动秒轮，让机

芯传动轮系适当加速运行，观察在适当加速运行时擒纵机构是否有卡顿现象，因为在加速运行时，擒纵机构运行受到的考验非常大，擒纵机构只要出现锁接时锁值偏浅或偏深，在牵引与冲击中就会造成叉瓦与擒纵轮顶齿而停走。此方法要求操作人员熟悉手表原理及结构，且能够熟练拆装、维修手表，否则会造成手表圆盘钉损伤、擒纵系统润滑失效等问题。

其原理是通过加速摆轮运转，破坏摆轮游丝系统能量平衡，在苛刻的工作状态下检验机芯擒纵系统的可靠性。

（2）方法二

在显微镜下用专用工具轻碰摆轮，让摆轮停止运行后再起摆，然后观察摆轮起动运行情况，重复多次。发现摆轮停摆的，观察擒纵叉瓦和擒纵轮锁接情况。

叉瓦长（见图 12）：传冲结束时，释放卡死；

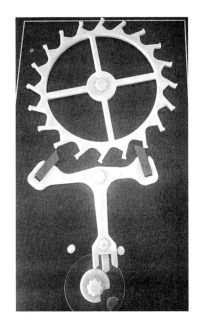

图 12　叉瓦长，释放卡死

图 13　叉瓦短，初锁溜齿

叉瓦短（见图 13）：初锁溜齿；

叉瓦长短正常（见图 14~图 15）：叉瓦卡死后，轻轻触碰摆轮，能启动，说明能正常工作。

其原理是通过碰停摆轮，破坏摆轮游丝系统能量平衡。观察叉瓦与擒纵轮卡住位置，判断擒纵调速系统尺寸配合是否达标。摆轮在碰停后重新起摆之初惯量较小，擒纵轮齿与叉瓦的初锁值偏浅偏深都会让摆轮难以起摆，从而给判断机芯是否会偷停提供了依据。

摆轮碰停位置有两种：一种是非平衡位置；另一种是平衡位置。

该方法中的停摆大多数发生在非平衡位置。这个位置碰停摆轮动能为零，仅通过游丝的势能转化为摆轮的动能，不足以克服摆轮游丝系统的摩擦阻力，使整个摆轮游丝系统运动。

摆轮游丝系统运动时的摩擦阻力，有两种：一种是与摆轮速度无关的常数摩擦阻力；另一种

图 14　叉瓦长短正常（1）

图 15 叉瓦长短正常（2）

是与摆轮速度成正比的阻力。

由工程力学可知，当振动系统自由振动时，常数摩擦阻力的影响是使其振幅按算术级数每周期递减 $4a$（a：衰减系数，它可用来表示系统中常数摩擦阻力的大小）。其数值可用下式计算：

$$a = M_m / M_0$$

式中：M_m——常数摩擦力矩；

M_0——游丝刚度。

另一种碰停是在平衡位置，这种情况概率比较小，平衡位置碰停，摆轮动能为零，游丝势能也几乎为零，在这个位置正常的机芯也可能会停，只要轻碰摆轮，能启动说明机芯还是正常的。

用此方法只要操作得当，基本不会对机芯有损伤，其在频率为 28800 次 /h 的机芯的实际运用中效果显著。

在日常生产中，用此方法发现的具有偷停隐

患的机芯，大多为擒纵轮齿与叉瓦的初锁值偏浅，其中又以进脚偏浅居多，只要给锁值偏浅的叉瓦通过"捅马"加深 0.005~0.01mm 就可解决此偷停隐患。

随着中国制表业的稳健发展，对手表的走时精度要求也越来越高。为了提升手表的走时精度，国内部分厂家采用了全球最常用的精度相对比较高的 21 号擒纵机构。21 号擒纵机构擒纵轮齿为 20 齿，擒纵叉身采用钢质材料，摆轮振荡频率为 28800 次 /h，初锁值仅为 0.035mm，极限情况卜相关的系统误差就会超过 0.035mm，所以零件制作精度要求会比较高。而国内部分厂家采用的是擒纵轮 15 齿的 9 号擒纵机构，擒纵叉身为铜质材料，摆轮振荡频率为 21600 次 /h，初锁值达到 0.06mm，制作零件的要求相对会低一些，所以对高摆频机芯的零件制作要求更高，但由于生产设备、生产工艺、生产成本等各种因素影响，高摆频机芯偷停率也相对更高，虽然机芯制造厂采取了对零件质量、装配质量的把控，以及面上、面下、立面等各方位的静置实走等措施，但通常还是会存在一定比例的偷停表问题。由于手表偷停给使用者的体验感极差，机芯厂却又难以杜绝，这就给机芯厂造成了极大的困扰。

经过多年的实践表明，使用擒纵机构隐患排查法基本可以杜绝机芯偷停问题。

后 记

回首过去的岁月，我深深地感受到机械表机芯制造与维修技艺的无穷魅力。每当我沉浸在齿轮的转动与机芯的"嘀嗒嘀嗒"声中，我都能感受到那种来自机械表的独特韵律。而我所发明的"手表擒纵机构隐患排查法"，正是我在这一领域不断探索与创新的智慧结晶。

在撰写本书的过程中，我尽力将我的思考、经验和心得融入每一个章节。书中涉及的部分手表结构原理，参考自天津人民出版社1974年9月版《机械计时仪器》及1979年8月版《机械手表制造工艺学》。

希望通过这本书，能够让更多的人感受机械

表制造的魅力，激发他们对这一领域的兴趣和热爱。机械表机芯制造技艺博大精深，仍有许多未知领域等待我去探索与发现。

在此，我要特别感谢国家对于制造业的大力支持。正是国家的重视与投入，为我们这些从事机械表机芯制造与研发的匠人提供了广阔的舞台。正是国家的培养与扶持，让我有了更多机会去深入探索、创新实践，也让我更加坚定了为机械表机芯制造业发展贡献力量的决心。

我还要感谢企业的培养与信任。在我职业生涯的每一个阶段，企业都给予了我充分的支持与鼓励。企业的文化氛围和团队精神，让我能够充分发挥自己的才能，不断挑战自我、超越自我。没有企业的培养与信任，就没有我今天的成就。

最后，我要感谢所有支持我、鼓励我、帮助我的人。感谢我的家人，他们始终是我坚实的后盾；感谢我的同事和朋友们，他们的建议和鼓励让我不断进步；感谢那些在我探索道路上给予我启发的前辈和同行，他们的智慧与经验是我前进的灯塔。

未来，我将继续前行，不断探索、不断创新，为实现制造强国贡献自己的一份力量。

2024 年 6 月

图书在版编目（CIP）数据

毛建波工作法：手表偷停检查操作 / 毛建波著.

北京：中国工人出版社，2024.9. -- ISBN 978-7-5008-

8518-4

Ⅰ. TH714.52

中国国家版本馆CIP数据核字第2024WX2321号

毛建波工作法：手表偷停检查操作

出 版 人	董　宽
责 任 编 辑	陈培城
责 任 校 对	张　彦
责 任 印 制	栾征宇
出 版 发 行	中国工人出版社
地　　　址	北京市东城区鼓楼外大街45号　邮编：100120
网　　　址	http://www.wp-china.com
电　　　话	（010）62005043（总编室）
	（010）62005039（印制管理中心）
	（010）62379038（职工教育编辑室）
发 行 热 线	（010）82029051　62383056
经　　　销	各地书店
印　　　刷	北京市密东印刷有限公司
开　　　本	787毫米×1092毫米　1/32
印　　　张	3
字　　　数	34千字
版　　　次	2024年12月第1版　2024年12月第1次印刷
定　　　价	28.00元

优秀技术工人百工百法丛书

第一辑　机械冶金建材卷

郭玉明工作法
复吹转炉底吹的精准维护

金国平工作法
炼钢连铸设备智能化的运维与改善

李兵工作法
汽车发动机故障诊断与维修

李凯军工作法
压铸模具制造

林学斌工作法
连铸电气设备的点检

刘伯鸣工作法
带直段锥体的锻造与成形

刘更生工作法
京作硬木家具制作水磨、烫蜡技艺

潘从明工作法
萃取设备的设计与制造

裴永斌工作法
弹性油箱全自动数控加工技术

邵志村工作法
铜精矿火法的双闪冶炼

王树军工作法
设备的养护与修理

王万松工作法
热轧带钢板形的控制

温广勇工作法
玻璃纤维拉丝设备的维修与优化

文寨军工作法
低热硅酸盐水泥的制备及应用

徐成东工作法
肉眼秒判奥斯麦特炉渣含铅品位

郑久强工作法
转炉炼钢炉型的控制与操作

优秀技术工人百工百法丛书

第二辑　海员建设卷

优秀技术工人百工百法丛书

第三辑 能源化学地质卷

100 ARTISANS AND 100 TECHNIQUES SERIES

陈可营工作法
海洋油气生产绿色数智化设计与应用

100 ARTISANS AND 100 TECHNIQUES SERIES

程平工作法
钴基60硬质合金真空水冷堆焊

100 ARTISANS AND 100 TECHNIQUES SERIES

丁正江工作法
焦家式金矿预测勘查

100 ARTISANS AND 100 TECHNIQUES SERIES

华伶利工作法
松散地层钻进取心

100 ARTISANS AND 100 TECHNIQUES SERIES

黄兆亮工作法
航改型燃气轮机蜂窝封严钎焊修复

100 ARTISANS AND 100 TECHNIQUES SERIES

琚永安工作法
架空地线复合光缆的电动旋切

100 ARTISANS AND 100 TECHNIQUES SERIES

李辉工作法
用试验电压检测变电站一、二次设备交流回路整体组合工况

100 ARTISANS AND 100 TECHNIQUES SERIES

李祖锋工作法
抽水蓄能电站控制测量方案优化

100 ARTISANS AND 100 TECHNIQUES SERIES

刘清工作法
煤矿无人化智能开采控制系统

100 ARTISANS AND 100 TECHNIQUES SERIES

毛玉泉工作法
贵细中药材鉴别应用

100 ARTISANS AND 100 TECHNIQUES SERIES

齐名工作法
应用STC单片机

100 ARTISANS AND 100 TECHNIQUES SERIES

秦钦工作法
矿井安全监控设备辅助安装及故障分析处理